目　次

前言 ... III
引言 ... IV
1 范围 ... 1
2 规范性引用文件 ... 1
3 术语和定义 ... 1
　3.1 基本术语 ... 1
　3.2 采空塌陷类型相关术语 ... 2
　3.3 开采方式相关术语 ... 2
　3.4 移动变形相关术语 ... 3
4 基本规定 ... 4
5 勘查阶段 ... 5
　5.1 可行性研究勘查阶段 ... 5
　5.2 设计勘查阶段 ... 5
6 勘查工作方法 ... 7
　6.1 工程地质调查与测绘 ... 7
　6.2 地球物理勘探 ... 8
　6.3 钻探与取样 ... 9
　6.4 原位测试及室内试验 ... 10
　6.5 地表移动变形监测 ... 10
7 稳定性评价 ... 11
　7.1 一般规定 ... 11
　7.2 采空塌陷工程地质特征 ... 11
　7.3 采空塌陷场地稳定性评价 ... 12
　7.4 采空塌陷建(构)筑物地基稳定性评价 ... 14
8 防治措施建议 ... 15
9 资料整理与成果编制 ... 15
附录 A（资料性附录） 采空塌陷调查和资料搜集 ... 18
附录 B（资料性附录） 工程地球物理勘探方法及应用范围 ... 21
附录 C（规范性附录） 钻探施工要点及技术要求 ... 22
附录 D（规范性附录） 采空塌陷钻探现场描述要点及"三带"判定依据 ... 23
附录 E（资料性附录） 煤矿采空区垮落带、断裂带计算方法 ... 24
附录 F（资料性附录） 煤矿采空区移动变形的计算方法与计算公式 ... 26
附录 G（规范性附录） 矿(岩)柱安全稳定性系数计算 ... 35
附录 H（规范性附录） 采空塌陷剩余空隙体积计算 ... 36

I

前言

本规范按照GB/T 1.1—2009《标准化工作导则 第1部分：标准的结构和编写》给出的规则起草。

本规范附录A、B、E、F为资料性附录，附录C、D、G、H为规范性附录。

本规范由中国地质灾害防治工程行业协会提出并归口管理。

本规范主要起草单位：中煤科工集团西安研究院有限公司、中煤地质工程总公司、徐州中国矿大岩土工程新技术发展有限公司、陕西省地质环境监测总站、广东省地质科学研究所、广东省工程勘察院、北京岩土工程勘察院、太原理工恒基岩土工程科技有限公司。

本规范主要起草人：刘天林、徐拴海、刘小平、王玉涛、曹晓毅、张宝元、汪成、吴璋、张立才、王真奉、吴圣林、林希强、范立民、李成、王军、何怀峰、吕义清等。

本规范由中国地质灾害防治工程行业协会负责解释。

引 言

根据国务院第394号令《地质灾害防治条例》，为避免或减轻采空塌陷灾害造成的损失，维护人民生命财产安全，提高采空塌陷防治技术水平，统一技术标准，规范采空塌陷勘查工作，使采空塌陷防治工程经济合理、技术可行、安全可靠，特编制本规范。

采空塌陷勘查规范(试行)

1 范围

本规范规定了采空塌陷勘查基本规定、勘查阶段、勘查工作方法、稳定性评价、防治措施建议及资料整理与成果编制等内容。

本规范适用于煤矿采空塌陷勘查,其他矿产采空塌陷勘查可参考本规范。

2 规范性引用文件

下列文件对于本规范的应用是必不可少的。凡是注日期的引用文件,仅注日期的版本适用于本规范。凡是不注日期的引用文件,其最新版本(包括所有的修改单)适用于本规范。

GB 50021　岩土工程勘察规范
GB 50026　工程测量规范
GB 51044　煤矿采空区岩土工程勘察规范
GB/T 50123　土工试验方法标准
GB/T 50266　工程岩体试验方法标准
CJJ 7　城市工程地球物理探测规范
JGJ/T 87　建筑工程地质勘探与取样技术规程
SL 31　水利水电工程钻孔压水试验规程
煤行管字[2000]第 81 号　建筑物、水体、铁路及主要井巷煤柱留设与压煤开采规程

3 术语和定义

下列术语和定义适用于本规范。

3.1 基本术语

3.1.1
采空区 mined-out area

地下固体矿床开采后的空间,及其围岩失稳而产生位移、开裂、破碎垮落,直到上覆岩层整体下沉、弯曲所引起的地表变形和破坏的地区或范围。

3.1.2
采空塌陷 goaf collapse

由于地下采矿形成空间,造成上部岩土层在自重作用下失稳而引起的地面塌陷现象。

3.1.3
回采率 mining rate

矿产采出量占工业储量的百分比。

3.1.4
采高 mining height

采矿工作面矿层被直接采出的厚度。

3.1.5
深厚比 ratio of mining depth and cutting height

矿层开采深度与法向开采厚度的比值。

3.2 采空塌陷类型相关术语

3.2.1
小窑采空塌陷 small mine gob area

一般指采空范围较窄、开采深度较浅(多在50 m深度范围内,但最深也可达200 m～300 m)、平面延伸在200 m以内、以巷道采掘(2 m～3 m宽)并向两边开挖支巷道、分布无规律或呈网格状、单层或多层重叠交错、大多不支撑或临时简单支撑、任其自由垮落的采空塌陷。

3.2.2
水平采空塌陷 level mined-out area

矿层水平或倾角不大于15°的采空塌陷。

3.2.3
倾斜采空塌陷 inclined mined-out area

矿层倾角介于15°～55°的采空塌陷。

3.2.4
急倾斜(陡倾斜)采空塌陷 acute inclined mined-out area

矿层倾角大于55°的采空塌陷。

3.3 开采方式相关术语

3.3.1
采矿方法 mining method

采矿工艺与回采巷道布置及其在时间、空间上的相互配合。

3.3.2
长壁采煤法 long wall mining

采用长壁工作面(采煤工作面长度一般在50 m以上)的采煤方法。

3.3.3
短壁采煤法 short wall mining

采用短壁工作面(采煤工作面长度一般在50 m以下)的采煤方法。

3.3.4
房柱式采煤法 room-and-pillar mining

沿巷道每隔一定距离先采煤房直至边界,再后退采出煤房之间煤柱的采煤方法。

3.3.5
顶板管理 roof control

采煤工作面中工作空间支护和采空塌陷处理的总称。

3.4 移动变形相关术语

3.4.1

开采沉陷 mining subsidence

因采矿引起的岩层和地表移动的现象及过程。

3.4.2

覆岩破坏"三带" three zone of oven-burden failure

矿层开采后,其覆岩在垂直方向上的破坏可分为垮落带、断裂带、弯曲带,简称"三带"。

3.4.3

垮落带 caving zone

由采矿引起的上覆岩层破坏成块并向采空塌陷垮落的范围。

3.4.4

断裂带 fractured zone

垮落带上方的岩层产生断裂或裂缝,但仍保持其原有层状的范围。

3.4.5

弯曲带 sagging zone

断裂带上方的岩层产生弯曲的范围,一般直达地表。

3.4.6

导水裂隙带 water flowing fractured zone

导通水流至采空区的断裂带和垮落带的总称。

3.4.7

地表移动盆地 subsidence trough

由采矿引起的采空塌陷上方地表移动的范围。

3.4.8

移动盆地主断面 major section of subsidence trough

通过移动盆地最大下沉点沿矿层倾向或走向的竖直断面。

3.4.9

地表下沉值 surface vertical subsidence

地表移动盆地内地表点移动矢量的竖直分量。

3.4.10

地表水平移动值 surface horizontal displacement

地表移动盆地内地表点移动矢量的水平分量。

3.4.11

地表倾斜 surface tilt

地表移动盆地内地表两相邻点下沉值之差与其水平距离之比。

3.4.12

地表曲率 surface curvature

地表两相邻线段倾斜差与其水平距离平均值之比。

3.4.13

地表水平变形 surface deformation

地表两相邻点的水平移动值之差与其水平距离之比。

3.4.14
充分采动 supercritical mining

地表最大下沉值不再随采区尺寸增大而增加的开采状态。

3.4.15
非充分采动 subcritical mining

地表最大下沉值随采区尺寸增大而增加的开采状态。

3.4.16
移动角 angle of critical deformation

在充分或接近充分采动条件下,移动盆地主断面上,地表最外的临界变形点和采空塌陷边界点连线在矿柱一侧与水平线之间所夹的锐角。

3.4.17
边界角 limit angle

在充分或接近充分采动条件下,移动盆地主断面上的边界点和采空区边界点连线与水平线在煤壁一侧的夹角。

3.4.18
地表移动观测站 observation station for surface movement

在开采影响范围内的地表上,按一定要求设置的一系列测点或装置所构成的观测系统,分为剖面线观测站和网状观测站两种。

3.4.19
概率积分法 probability integration method

以正态概率函数为影响函数的地表移动预计方法。

3.4.20
下沉系数 subsidence factor

在充分采动条件下,开采水平或近水平煤层时地表最大下沉值与采厚之比。

4 基本规定

4.1 采空塌陷勘查目的是查明采空塌陷地质环境及采矿条件,分析采空塌陷的发展趋势,评价采空塌陷灾害危害程度,提出地质灾害防治措施建议。

4.2 采空塌陷勘查应在充分利用已有资料的基础上,正确选择勘查方法,根据采空塌陷地质环境、采矿条件及防治工程特点合理确定勘查工作量。

4.3 采空塌陷勘查主要工作内容:
  a) 调查采空塌陷地质环境条件,包括区域地质、气象水文、矿产资源开发状况等;
  b) 调查采空塌陷地表工程环境条件,包括已建、拟建工程的管道、线路等分布、规划及开发情况;
  c) 调查采空塌陷采矿条件,包括开采层位、埋深、采矿方式、开采时间、矿井抽排水、采空区积水情况等;
  d) 查明采空塌陷覆岩结构特征及采空塌陷冒落状况,分析岩层移动变形特征;
  e) 计算采空塌陷地表剩余变形量、稳定性系数,预测评价采空塌陷区稳定性及未来发展趋势;
  f) 结合防治工程特点,分析评价采空塌陷危害程度;

g) 提出采空塌陷防治措施建议。

4.4 采空塌陷勘查应采用资料搜集、工程地质调查与测绘、地球物理勘探、钻探验证、变形监测与综合评价等方法，根据地质环境、采矿条件及防治工程需要，有针对性地布置勘查工作，不宜盲目采用等间距网格状方式布置勘探线（点）。

4.5 采空塌陷勘查分为可行性研究勘查阶段及设计勘查阶段。在采空塌陷防治工程施工及运营期间，应加强监测技术管理工作，必要时开展补充勘查。

4.6 抢险应急是采空塌陷防治的特殊阶段，应选择快速、安全的勘查方法，分析采空塌陷类型，合理推断灾害发展趋势，防治措施建议应符合抢险工作实际需要。

4.7 采空塌陷勘查采用的技术手段和开展的勘查工作不应引起或加剧采空塌陷危害。

4.8 现场勘查之前，应搜集资料，分析采空塌陷现状及勘查作业条件，编制勘查工作大纲。

4.9 勘查工作大纲应包括项目来源、勘查阶段、目的任务、编制依据、勘查技术路线；地质及采矿等基本情况；勘查内容、方法、工作量及平面布置图；勘查组织机构、人员及设备、进度计划、保障措施（环境、安全及质量）、勘查成果；经费概（预）算等。

4.10 野外勘查工作应进行现场验收，勘查过程中应做好地质写实及编录，包括文字记录及影像资料等。

4.11 采空塌陷勘查报告应由文字说明和附件（附图、附表、影像资料等）组成。文字说明应按勘查任务要求、勘查阶段和工程特点编写，内容应符合勘查报告的编制要求。

4.12 对防治工程有特殊需求、条件复杂的采空塌陷，必要时开展咨询会商、专题研究。

5 勘查阶段

5.1 可行性研究勘查阶段

5.1.1 了解采空塌陷地质环境条件，初步查明采空塌陷覆岩结构、空间几何特征和采矿条件，定性评价采空塌陷稳定性，满足防治工程方案的设计要求。

5.1.2 勘查工作应包括下列内容：
   a) 搜集区域地质、地形地貌、水文地质、地震、气象、矿床分布图、矿区开采规划图、矿坑编录、井上下对照图等方面资料；
   b) 了解建设工程范围内的地质条件、矿产分布、采掘及压覆资源情况，初步调查采空塌陷分布范围、采空塌陷类型、开采时间等，分析采空塌陷分布与建设工程的时空关系；
   c) 初步评价采空塌陷的稳定性及危害程度；
   d) 提出防治工作思路及下一步工作建议。

5.1.3 勘查工作方法以资料搜集、地质及采矿情况调查及工程地质测绘为主。

5.1.4 勘查范围应包括防治工程下伏采空塌陷及其变形影响范围，地形、地质条件复杂地区应调整调查范围。

5.2 设计勘查阶段

5.2.1 查明采空塌陷的工程地质条件及岩（土）体物理力学性质，定量评价采空塌陷场地稳定性及危害性，为确定防治工程设计提供计算参数，满足设计要求。

5.2.2 勘查工作应包括下列内容：
   a) 搜集拟建场地总平面图，建（构）筑物的性质、规模、荷载、结构特点、基础形式、埋置深度、地基允许变形等资料；
b) 查明拟建场地范围及有影响地段内采空塌陷位置、几何尺寸及冒落程度等要素，"三带"分布及地表塌陷、移动变形特征；
c) 查明采空塌陷上覆各层岩(土)体结构、岩(土)体物理力学参数；
d) 计算采空塌陷剩余空洞体积、地表剩余变形量、矿柱稳定系数；
e) 进行场地稳定性及建(构)筑物地基稳定性评价；
f) 查明采空塌陷充水情况及地下水类型、埋藏条件、补给来源及腐蚀性；
g) 查明有毒、有害气体的类型、浓度及对工程施工和建设的影响；
h) 提供采空塌陷治理工程设计所需的计算参数。

5.2.3 设计勘查阶段是在可行性研究勘查阶段的基础上进行的，勘查工作方法应以地球物理勘探工作和钻探工作为主，辅以必要的测试、监测等工作。

5.2.4 勘查范围应根据防治工程的重要程度、岩土体结构、采空区埋深和矿区岩层移动角计算确定，应考虑场地挖深、填高及新采、复采的影响。

5.2.5 地球物理勘探工作应符合下列规定：
a) 对于采空疑似区域、采掘资料缺失或可靠性差的区域，应至少选择一种地球物理勘探方法覆盖全部区域及可能影响的采空塌陷范围；
b) 探查深度应根据采空塌陷特点及防治工程综合确定，一般情况下探查深度应到最下层采空塌陷底板以下 20 m～30 m；
c) 宜采用波速测试、跨孔地球物理勘探及孔内电视等方法，探测采空塌陷覆岩结构、空洞及裂隙发育特征。

5.2.6 钻探工作应符合下列规定：
a) 钻孔布置原则：
1) 对于资料丰富、可靠性高的采空塌陷区，应有针对性地布置适量验证钻孔；
2) 对于资料缺乏、可靠性差的地球物理勘探异常区，应重点探查与验证，局部地段加密；
3) 孔位应结合建设工程总平面布置，优先布置在重要建(构)筑物位置。
b) 钻孔工程量应根据搜集资料的完整性、准确性及地球物理勘探成果等综合确定。每个地球物理勘探异常区块不应少于 1 个钻孔；当资料缺乏，无法精准确定采空塌陷的位置及范围时，不宜少于 3 个钻孔。
c) 地面重要建(构)筑物的古窑、废弃小窑等采空塌陷无法精准确定时，每个建(构)筑物基础下均应布置 1 个钻孔。
d) 勘查深度应根据采空塌陷特点及防治工程综合确定，一般情况下勘查深度应到最底部开采矿层底板以下 5 m。

5.2.7 取样与测试应符合下列规定：
a) 所搜集资料中，采空塌陷上覆岩(土)体物理力学性质试验数据完整、可靠，能够满足采空塌陷稳定性计算要求，可不进行取样及测试；
b) 开采矿层上覆岩(土)体物理力学性质试验数据不齐全，不能满足采空塌陷稳定性计算要求，应补充取样并测试；
c) 钻孔或矿井中应采取水样并作水质全分析，评价对注浆材料的腐蚀性；
d) 采空塌陷中的有毒、有害气体应作专项测试和评价。

5.2.8 需要对采空塌陷的渗漏性进行评价时，应进行压水试验。

5.2.9 采空塌陷地表变形监测可与建（构）筑物变形监测相结合，监测等级应提高一级，监测周期与结束标准应均满足两者要求。

5.2.10 对于矿床地质条件复杂、危害程度大的采空塌陷区，应增加深部岩层变形监测内容。

6 勘查工作方法

6.1 工程地质调查与测绘

6.1.1 工程地质调查与测绘，可行性研究勘查阶段比例尺精度应为1：10 000～1：5 000；设计勘查阶段，应补充调查与测绘，精度应为1：2 000～1：500。

6.1.2 工程地质调查与测绘平面范围，应在危害对象平面边界的基础上外扩，平面外扩范围不小于矿层最大开采深度。地形起伏大的区域应扩大1.1～1.5倍，且大于采空塌陷的影响边界。

6.1.3 工程地质调查与测绘时，对于正规开采资料齐全的矿山，应重点搜集矿区地质及采矿资料；对于古窑、废弃小窑资料缺失的采空塌陷，应加强对老矿工及当事人的走访与调查，应填写采空塌陷调查表（附录A表A.1）。对于搜集原始资料困难的老矿区，应采用地球物理勘探、钻探等多种手段进行勘查。

6.1.4 工程地质调查与测绘的测线，应根据地层露头、地表塌陷变形、防治工程特点等来确定，尽量与采矿工作面垂直或平行。

6.1.5 工程地质调查与测绘技术要求应符合《工程地质测绘标准》（CECS238：2008）的规定。

6.1.6 工程地质调查与测绘，应包括资料搜集、地质及采矿情况调查、地表及建（构）筑物变形调查与测绘、地下水调查、采空塌陷治理情况。

6.1.7 资料搜集包括地质环境、采矿条件和地表变形等资料，其内容参考附录A的表A.2。

6.1.8 采矿情况调查应符合下列规定：

a) 对于历史久远的古窑和废弃小窑采空塌陷，应加强对相关单位、矿长、总工程师及老矿工的走访与调查工作，对勘查范围内的废弃洞口的位置、走向等要素进行测绘。

b) 对于地方小矿采空塌陷，应进行地面与井下调查，具备条件时应进行井下复测；对采掘资料进行复核，尤其是越界开采问题。

c) 对于规范生产的中大型矿山采空塌陷，应搜集采掘工程平面图、井上下对照图、开采设计和矿区开采规划、岩移观测成果等。

d) 采矿情况调查包括如下内容：
   1) 矿山经营性质、开采矿种、开采规模、开采层位、开采方式、回采率、顶板管理方式、工作面的推进方向和速度、始采及终采时间、年度及累计采出量等；
   2) 采空区的埋深、采高、开采范围、空间形态、巷道支护方式、顶板的稳定情况，塌落、支撑、回填及充水情况，洞壁完整性和稳定程度；
   3) 井下水害或有毒气体（类型、浓度、分布特征、压力）等赋存情况；
   4) 对矿山井口位置、倾向、倾角、深度进行测量，调查井筒砌筑形式；
   5) 有条件的矿山，应深入井下，对巷道和采空区内部进行测绘，描述巷道及矿柱的断面、支护情况，采空区顶板冒落状况。

6.1.9 地表及建（构）筑物变形调查与测绘应包括下列内容：

a) 地表变形的特征和分布规律，地面塌陷、裂缝、台阶的分布位置、形状、大小、深度、延伸方向、发生时间、发展速度，以及与采空塌陷、岩层产状、主要节理、断裂、开采边界、工作面推进方向等的相互关系。山区还应调查采空引起的滑坡(塌)及不稳定斜坡。
b) 移动盆地基本特征。
c) 建(构)筑物变形情况,包括下列内容:
1) 变形的类型(倾斜、下沉、开裂)、变形开始时间、发展速度、裂缝分布规律、延伸方向、形状、大小等;
2) 建(构)筑物的结构类型、所处位置及长轴方向与采空塌陷、地质构造、开采边界、工作面推进方向的相互关系;
3) 该地区既有建(构)筑物的变形地基加固处理经验教训。

6.1.10 水文气象调查应包括下列内容:
a) 调查采空塌陷场地的降水量、蒸发量、气温等气象情况;
b) 调查采空塌陷场地附近的河流、渠道、湖泊、水库等地表水体的相对位置、水位、流量等水文情况;
c) 调查采空塌陷场地井泉位置、标高、深度、出水层位、水位、涌水量、水质、水温、气体溢出情况;
d) 调查矿井生产期间井巷出水层位、涌水量、充水因素及条件、水害防治、抽排水引起的地面塌陷等情况;
e) 调查采空区地下水的污染源及可能的污染程度。

6.1.11 工程地质图应符合下列规定:
a) 工程地质平面图。以地形地质图为基础图,绘制地层岩性、地质构造、不良地质现象等常规地质内容及井口、采空塌陷(含巷道)位置、塌陷坑(裂缝)、矿层底板等高线等。比例尺应比野外调查测绘图纸低一级。
b) 工程地质断面图。除常规内容外,应标注采空塌陷位置,覆岩"三带",地表塌陷、裂隙位置及深度,边界角、移动角及裂缝角等。
c) 其他有关的图表及资料。

6.2 地球物理勘探

6.2.1 地球物理勘探可作为辅助勘查手段,应结合采空塌陷调查与测绘、钻探、地表变形等资料,合理推断采空塌陷界线及异常。

6.2.2 在工程地质调查与测绘的基础上,根据地形、采空区埋深、覆岩性质、周围介质的物性差异、现场探测条件等,可参考附录B的规定,选择适宜的物探方法。

6.2.3 对于地质条件复杂,单一方法不易探测的采空区,应采用两种及以上物探方法综合探测。

6.2.4 地面地球物理勘探工作布置应符合下列规定:
a) 布置测网时,应根据探测采空塌陷的需要及防治工程的要求等进行,测网密度应保证异常的连续、完整和便于追踪;
b) 布置测线时,测线方向宜避开地形及其他干扰的影响,应垂直或大角度相交于采空塌陷或已知异常的走向,测线长度应保证异常的完整和具有足够的异常背景;
c) 探测范围内有已知点时,测线应由已知点追踪布设。

6.2.5 孔内(间)地球物理勘探方法选择应考虑孔壁粗糙度、充水性、距离、岩性等,孔径(孔间距)应与探头(仪器)相匹配,保证测试效果。同一场地内测试的钻孔不宜少于3个(对)。

6.2.6 地球物理勘探野外作业工作参数的选择,检查点的数量,观测精度,测点、测线平面布置和高程的测量精度,仪器的定期检查、标定和保养等应符合《城市工程地球物理探测规范》(CJJ 7)的要求。

6.2.7 地球物理勘探资料解译应符合下列规定:
a) 在分析各项物性参数的基础上,按从已知到未知、先易后难、点面结合的原则进行;
b) 所需物性参数宜通过多种方法求得,必要时选择典型断面作正演计算;
c) 地球物理勘探解译成果应相互补充、相互验证,解译结果不一致时应分析原因,并说明推断的前提条件;
d) 充分利用钻孔资料对解译成果进行修正;
e) 地球物理勘探解译的成果应重点关注采空塌陷空间分布、垮落带和断裂带发育高度、采空塌陷密实及充水状态。

6.3 钻探与取样

6.3.1 钻探的目的是验证采空塌陷调查及测绘成果和地球物理勘探解释结论的可靠性和准确性。通过钻探过程掉钻、卡钻、冲洗液漏失、孔口吸风等现象及岩芯破碎程度的描述,验证采空塌陷范围,判断覆岩"三带"及发育特征。

6.3.2 钻探应根据勘查阶段、场地复杂程度和采空塌陷的影响范围,结合地面工程进行布置,数量和间距应满足防治工程设计的要求。钻探位置、数量及深度均应满足本规范5.2.6的规定。

6.3.3 采用单层岩芯管、双层岩芯管、绳索取芯等回转方式钻进,全孔清水钻进,采取岩芯。严重缩孔或塌孔层位可采用跟管钻进或泥浆护壁,穿过该层位后应恢复清水钻进。

6.3.4 孔径不仅要满足地球物理勘探要求,还要满足原位测试、取样等要求,终孔直径不宜小于89 mm,孔斜小于1°/100 m。

6.3.5 钻探施工要点与技术要求符合附录C的规定,钻探现场描述要点与"三带"判定依据符合附录D的规定。

6.3.6 钻进过程中严禁超雪钻进,断裂带及垮落带以内回次进尺不超过1 m,长度超过35 cm的残留岩芯应打捞。

6.3.7 钻孔简易水文观测应符合以下规定:
a) 钻探过程中发现涌水或漏水应立即停钻,测量孔内水位。每隔10 min～15 min测1次,3次水位相差小于2 cm时可视为稳定水位;
b) 准确记录冲洗液漏失位置、漏失量或涌水位置、涌水量,绘制其随孔深的曲线图;
c) 观测记录钻进过程中冲洗液的其他异常,如突然漏失、颜色改变、冒气等;
d) 终孔时应测定稳定水位。

6.3.8 岩芯的保留与存放应符合下列规定:
a) 除做试验的岩芯外,剩余岩芯应存放在岩芯盒内,并应按钻进回次先后顺序排列,注明深度和名称,且每一回次应该用岩芯牌隔开;
b) 易冲蚀、风化、软化、崩解的岩芯,应进行封存;
c) 存放岩芯的岩芯盒应平稳安放,不得日晒、雨淋和融冻,搬运时应加盖并轻拿轻放;
d) 岩芯宜拍摄彩色照片或录像保存;
e) 岩芯保留时间应根据勘查要求确定,并应保留至钻探工作检查验收完成。

6.3.9 试样采取应按现行标准《建筑工程地质勘探与取样技术规程》(JGJ/T 87)的有关规定执

行。对于"三带"中的岩芯,要详细地质编录,必要时可根据工程需要采取扰动岩(土)样进行室内试验。

6.3.10 钻孔验收后对不需保留的钻孔应进行封孔处理。土体中的钻孔一般用黏土封孔,岩体中的钻孔宜用水泥砂浆封孔。

6.3.11 采空塌陷勘探过程的安全防护措施除了应符合现行标准《岩土工程勘察安全规范》(GB 50585)的规定外,还应重点防止采空塌陷内有毒、有害气体和地表裂缝、隐伏塌陷坑等对人身造成的潜在危害。

6.4 原位测试及室内试验

6.4.1 原位测试方法应根据工程需求、岩土条件和测试方法适用性综合选用。其具体操作、试验仪器和主要技术要求应符合《岩土工程勘察规范》(GB 50021)的有关规定。

6.4.2 应根据采空塌陷勘查特点选择相应的原位测试方法。除了静力触探、动力触探、标准贯入试验、旁压试验等常规方法外,针对垮落带及断裂带岩体还应开展孔内波速测试及孔内电视。

6.4.3 每个钻孔宜开展波速测试,测试要求应符合《岩土工程勘察规范》(GB 50021)中第10.0条的规定。

6.4.4 钻孔宜开展压水试验,压水试验要求应符合《水利水电工程钻孔压水试验规程》(SL 31)的规定。

6.4.5 分析原位测试成果资料时,应注意仪器设备、试验条件、试验方法等对试验的影响,结合地层条件,剔除异常数据。

6.4.6 岩土室内试验的方法和项目应根据工程需求和岩土性质等因素综合确定,应对垮落带及断裂带内的岩块进行单轴抗压强度及波速测试。具体操作和试验仪器应符合《土工试验方法标准》(GB/T 50123)和《工程岩体试验方法标准》(GB/T 50266)的有关规定。

6.4.7 采空塌陷有毒、有害气体对勘查及治理工程施工有影响时,应进行有毒、有害气体的采集与测试,具体采集方法应根据其特性综合选取。

6.4.8 对钻孔或矿井采取水样进行水质全分析,试验数量不应少于3组,应按《岩土工程勘察规范》(GB 50021)有关规定评价其对建筑材料及注浆材料的腐蚀性。

6.5 地表移动变形监测

6.5.1 地表移动变形监测应根据勘查阶段、工程特点、地层特征、矿层开采深度、开采方式等因素布设,分析地表变形规律,为采空塌陷稳定性评价提供依据。

6.5.2 对于工程有特殊要求或缺乏资料且勘探难以查明的采空塌陷,从可行性研究勘查阶段开始进行地表移动变形监测。

6.5.3 采空塌陷地表移动变形监测内容应包括地表下沉值、地表水平位移值、地表裂缝(台阶)及建(构)筑物变形等。

6.5.4 基准点应布置在不受采空塌陷影响的稳定区域内。冻土地区基准点基底应在冰冻线以下不小于0.5 m。监测点的埋设、精度要求、基准点的设置应满足《工程测量规范》(GB 50026)的相关规定。

6.5.5 采空塌陷变形监测宜从进场勘查开始,必要时,延续至采空塌陷治理、竣工或其后阶段。

6.5.6 勘查区观测线宜平行或垂直工作面走向布设,走向观测线宜设在移动盆地主断面位置,长度宜大于地表移动变形预计范围。观测线长度确定所采用的边界角应尽可能采用矿区已求得的角值;

当矿区无角值参数时,可参考地质、采矿条件相似的矿区选用。

6.5.7 地表裂缝(台阶)监测应包括下列内容：
a) 裂缝发生时间、位置、数量、长度、宽度、深度、延伸方向、张开度、发展速度及趋势；
b) 台阶发生时间、错高、位置、宽度、长度、延伸方向、排列方向、发展速度及趋势。

6.5.8 建(构)筑物变形监测应包括下列内容：
a) 裂缝的分布位置、走向、长度、宽度，必要时包括裂缝数量和发展史；
b) 水平和垂直位移量、倾斜度、倾斜方向、倾斜速度及其发展趋势等。

7 稳定性评价

7.1 一般规定

7.1.1 根据采空塌陷勘查结果，应采用定性与定量评价相结合的方法，对采空塌陷稳定性进行分析评价。

7.1.2 采空塌陷稳定性评价分为场地稳定性评价和建(构)筑物地基稳定性评价两个部分。采空塌陷场地稳定性评价应以地表允许变形量为评价依据。采空塌陷建(构)筑物地基稳定性评价应以地基允许变形值作为评价依据。

7.1.3 应综合考虑矿层开采方法、顶板管理方式、开采时限以及采空塌陷的类型、规模、埋深、采深采厚比和覆岩特征等因素，选择适宜的评价标准和评价方法。

7.2 采空塌陷工程地质特征

7.2.1 采空塌陷工程地质特征应根据调查与测绘、地球物理勘探、钻探、测试及变形监测的成果综合确定，包括采空塌陷平面分布范围、断面结构特征、岩(土)体力学参数。

7.2.2 采空塌陷平面分布特征确定应符合下列规定：
a) 对于正规大型矿山开采、采掘资料齐全且可靠度高的采空塌陷，应以井上下对照图为主要依据进行确定；
b) 对于地方乡镇或私营矿山开采、采掘资料较齐全且可靠度较高的采空塌陷，以井上下对照图为基础详细核实越界开采情况，对调查及钻探成果充分比较验证后确定；
c) 对于资料完全缺失的古窑、废弃矿井，应在走访调查的基础上，对地球物理勘探、钻探及监测成果充分比较验证后确定。

7.2.3 采空塌陷断面结构特征确定应符合下列规定：
a) 对于正规大型矿山开采、采掘资料齐全且可靠度高的采空塌陷，岩层结构应根据搜集资料及钻探成果确定；
b) 对于地方乡镇或私营矿山开采、采掘资料较齐全且可靠度较高的采空塌陷，岩层结构应根据调查及钻探成果充分比较验证后确定；
c) 对于资料完全缺失的古窑、废弃矿井，岩层结构应以钻探为主进行确定；
d) 覆岩"三带"宜根据经验公式计算、钻探成果、矿区经验综合确定。"三带"计算应符合附录E的规定。

7.2.4 岩(土)体力学参数值确定应符合下列规定：
a) 采用经验折减法、原位测试法和反演计算等方法综合确定；
b) 物理力学参数应包括重度、变形模量、泊松比、抗压强度、抗拉强度、抗剪强度等。

7.3 采空塌陷场地稳定性评价

7.3.1 采空塌陷场地稳定性评价,应重点分析下列条件与采空塌陷变形的关系:
  a) 地形地貌、地质构造、水文地质及不良地质作用;
  b) 地层岩性及采空塌陷上覆岩(土)体力学性质;
  c) 岩(矿)层倾角;
  d) 开采时间、采矿方式及顶板管理方式;
  e) 开采深度、深厚比、开采宽度、矿(岩)柱及空洞尺寸大小;
  f) 重复采动及多层充分开采;
  g) 地面荷载及动力作用。

7.3.2 采空塌陷稳定性评价标准,应结合采空塌陷类型、停采时间、地表移动变形等,采用定性与定量相结合的方法,划分为稳定、基本稳定和不稳定3个等级。

7.3.3 采空塌陷稳定性评价方法主要包括工程地质类比法、地表移动变形判别法、极限平衡分析法和数值模拟法。

7.3.3.1 采用工程地质类比法应符合下列规定:
  a) 适用于各种类型采空塌陷稳定性定性评价,对不规则开采、非充分采动等难以进行定量计算的采空塌陷,应以工程地质类比法为主进行评价;
  b) 工程地质类比法主要评价因素包括采空塌陷类型、矿层产状、开采及顶板管理方法、采深、采厚、开采层数、终采时间、回采率、覆岩结构、地下水;
  c) 工程地质类比法应以本地区经验为主,结合各类评价因素综合判别。

7.3.3.2 采用地表移动变形判别法应符合下列规定:
  a) 地表移动变形判别法适用于充分采动条件下采空塌陷场地稳定性定量评价。
  b) 地表移动变形值宜以场地实际监测结果为判别依据。有成熟经验的地区也可采用经现场核实与验证后的地表移动变形预计法计算的结果作为判别依据。
  c) 地表移动变形预计法宜采用概率积分法,计算公式与参数见附录F。有经验的地区,可采用典型曲线法、负指数函数法、数值计算分析法等其他方法。在下述情况下,应根据地形、地貌、特殊地质条件等对预计结果进行修正:
    1) 易出现塌坑、台阶状非连续变形的开采条件下的地表移动与变形的预测;
    2) 易引起边坡失稳和山崖崩塌的开采条件下的地表移动与变形的预测;
    3) 开采特厚矿层及厚矿层露头区域的地表移动与变形的预测;
    4) 开采急倾斜矿层时地表移动与变形的预测;
    5) 山区及丘陵地段的地表移动与变形预测。
  d) 长壁式或短壁式开采条件下,场地稳定性可根据地表最大下沉点的下沉速度、预计或实测的地表变形指标值按表1评价。
  e) 柱式开采条件下,顶板已垮落、地表塌陷充分的采空塌陷,可按表2进行评价。对于顶板尚未垮落的浅埋、煤柱留设不规则的采空塌陷场地应列为不稳定区。

表 1 长壁式或短壁式开采条件下采空塌陷场地稳定性评价标准

最大下沉点的下沉速度 /(mm/d)	地表变形指标值(最大值)			场地稳定性	备注
	水平变形值 $\|\varepsilon\|$/(mm/m)	倾斜值 $\|i\|$/(mm/m)	曲率值 $\|k\|$/($\times 10^{-3}$/m)		
采动影响显现之前	0.0	0.0	0.0	稳定	—
≤1.7 (初始期,下沉速度正增长)	≤2.0	≤3.0	≤0.2	稳定	三项指标同时具备
	2.0~4.0	3.0~6.0	0.2~0.4	基本稳定	三项指标具备其一
	>4.0	>6.0	>0.4	不稳定	
>1.7 (活跃期,下沉速度正增长,到一定程度,再负增长)	≤2.0	≤3.0	≤0.2	稳定	三项指标同时具备
	2.0~6.0	3.0~10.0	0.2~0.6	基本稳定	三项指标具备其一
	>6.0	>10.0	>0.6	不稳定	
≤1.7 (衰退期,下沉速度负增长)	≤4.0	≤6.0	≤0.4	稳定	三项指标同时具备
	4.0~6.0	6.0~10.0	0.4~0.6	基本稳定	三项指标具备其一
	>6.0	>10.0	>0.6	不稳定	
地表移动期结束	各变形指标值趋于某一定值			稳定	—

表 2 柱式开采条件下采空塌陷场地稳定性评价标准

终采时间/d	地表变形指标值(最大值)			场地稳定性	备注
	水平变形值 $\|\varepsilon\|$/(mm/m)	倾斜值 $\|i\|$/(mm/m)	曲率值 $\|k\|$/($\times 10^{-3}$/m)		
≥$2.5H_0$	各变形指标值趋于某一定值			稳定	—
<$2.5H_0$	≤2.0	≤3.0	≤0.2	稳定	三项指标同时具备
	2.0~6.0	3.0~10.0	0.2~0.6	基本稳定	三项指标具备其一
	>6.0	>10.0	>0.6	不稳定	

7.3.3.3 采用极限平衡分析法应符合下列规定:
a) 适宜于穿巷、房柱及单一巷道等类型以及条带式开采所形成的采空塌陷场地稳定性定量评价;
b) 巷道(采空塌陷)的空间形态、断面尺寸、埋藏深度、上覆岩层特征及其物理力学指标等计算参数,应通过实际勘查成果资料或者本矿区的经验资料获得;
c) 安全系数可参照附录 G 进行计算,按照表 3 判别。

表 3 矿(岩)柱安全性判别标准

稳定状态	不稳定	基本稳定	稳定
矿(岩)柱安全系数	<1.5	1.5~2	>2

7.3.3.4 采用数值模拟法应符合下列规定:
a) 适宜于正规开采条件下的采空塌陷,包括单层或多层的崩落法开采、空场法开采、充填式开采、壁式开采、柱式开采等,可作为一种比较和参考性方法;
b) 可采用有限单元法、有限差分法、离散元法、边界元法,或两种以上方法的耦合使用;

c) 计算单元宜采用四边形、六面体等参元或三角形、四面体常应变单元,可采用无厚度或等厚度节理单元模拟节理面,覆岩破坏准则可采用 MC、DP 等弹塑性准则,应根据建设工程及采空塌陷工程地质特征确定合理的计算范围及边界条件;

d) 正确选用强度指标,宜根据测试成果、反分析和经验综合确定;

e) 经验证可靠的数值模拟结果,可用于地表移动变形预计、矿(岩)柱稳定性计算中。

7.3.3.5 采空塌陷场地稳定性评价标准应符合下列规定:

a) 满足下列条件之一者,场地可划为稳定:

1) 地表移动变形稳定地段;
2) 地表发生连续变形,且变形值满足要求的地段;
3) 空场法、房柱式、巷柱式、条带式开采,矿(岩)柱稳定性系数满足要求的地段。

b) 满足下列条件之一者,场地可划为不稳定:

1) 特厚矿层和倾角大于 55°的厚矿层露头地段;
2) 地表可能出现塌坑、台阶状开裂缝等非连续变形地段;
3) 地表移动和变形引起边坡失稳、崩塌及坡脚隆起地段;
4) 地表移动变形不满足要求的地段;
5) 非正规开采条件下顶板尚未完全垮塌且地表移动变形不满足要求的地段;
6) 非正规开采条件下顶板尚未垮落的浅埋采空塌陷或切冒型的采空塌陷地段;
7) 矿(岩)柱稳定系数不满足要求的地段;
8) 非充分采动且存在大量抽取地下水的地段;
9) 采空塌陷抽水、排水或地下水位下降引起的可能地面塌陷地段。

c) 除上述 a)、b)之外,场地可划为基本稳定。

7.4 采空塌陷建(构)筑物地基稳定性评价

7.4.1 采空塌陷建(构)筑物地基稳定性,根据采空塌陷场地稳定性评价结论及地基允许变形值要求进行综合评价,划分为稳定、基本稳定、不稳定 3 个等级。

7.4.2 采空塌陷建(构)筑物地基稳定性评价方法包括定性评价和定量评价。定性评价可采用工程地质类比法;定量评价可采用地表移动变形判别法、极限平衡分析法及数值模拟法。

7.4.3 工程地质类比法适宜于地质、采矿条件相同或相似的同一矿区或邻近矿区,评价前应对场地稳定性、结构形式、荷载作全面分析比较。

7.4.4 采用地表移动变形指标评价采空塌陷建(构)筑物地基稳定性时,应符合下列规定:

a) 采空塌陷地表变形可根据地表水平变形值、地表倾斜值、地表曲率值等按表 4 划分为 4 个等级。

表 4 采空塌陷地表变形区等级划分标准

地表变形区	地表变形指标值			备注
	水平变形值 $\lvert\varepsilon\rvert$/(mm/m)	倾斜值 $\lvert i \rvert$/(mm/m)	曲率值 $\lvert k \rvert$/($\times 10^{-3}$/m)	
Ⅰ区	≤2.0	≤3.0	≤0.2	三项指标同时具备
Ⅱ区	2.0<$\lvert\varepsilon\rvert$≤4.0	3.0<$\lvert i \rvert$≤6.0	0.2<$\lvert k \rvert$≤0.4	三项指标具备其一
Ⅲ区	4.0<$\lvert\varepsilon\rvert$≤6.0	6.0<$\lvert i \rvert$≤10.0	0.4<$\lvert k \rvert$≤0.6	三项指标具备其一
Ⅳ区	>6.0	>10.0	>0.6	三项指标具备其一

b) 可根据地表移动变形指标，按表5判断地基的稳定性。

表5 采空塌陷建(构)筑物地基稳定性等级评价标准

地表变形分区	浅基础		深基础
	地基允许变形与地表变形值之比	稳定性评价结论	稳定性评价结论
Ⅰ区	—	稳定	专题研究
Ⅱ区	≥1.5	稳定	不稳定
	1.5～1.0	基本稳定	
	<1.0	不稳定	
Ⅲ区	≥1.5	稳定	
	1.5～1.0	基本稳定	
	<1.0	不稳定	
Ⅳ区	—	不稳定	

7.4.5 对于穿巷、房柱及单一巷道等类型以及条带式开采所形成的采空塌陷建(构)筑物地基稳定性计算可采用极限平衡分析法，计算时应考虑建(构)筑物基底荷载，可参照附录G。

7.4.6 验证后可靠的数值模拟结果可作为采空塌陷建(构)筑物地基稳定性评价的比较和参考。

8 防治措施建议

8.1 在采空塌陷稳定性分区的基础上，紧密结合建(构)筑物重要性等级、地基抗变形要求及上部结构特征，采空塌陷防治措施建议应遵循"以防为主、防治结合"的原则。

8.2 采空塌陷建(构)筑物平面布置、结构处理及预防措施应紧密结合采空塌陷工程地质特征、地表变形规律及剩余变形量、稳定性评价结论进行，确保建(构)筑物功能的正常使用。

8.3 采空塌陷治理方法的选择应根据工程特点及治理目的，并充分考虑采空塌陷地质条件、矿山开采方式、建(构)筑物地基条件、现场施工条件等各方面影响因素，选择一种或几种技术可行、经济合理，又能满足施工进度要求的治理方法。

8.4 应按程序对建设工程开展压覆矿产资源核实工作，对保安矿柱范围之内的矿层严禁开采，防止新采或复采所形成的采空塌陷威胁建设工程安全。

8.5 采空塌陷坑、地裂缝等地面灾害治理及矿山地质环境恢复治理，应结合周边自然景观、社会经济等方面进行综合治理。

9 资料整理与成果编制

9.1 采空塌陷勘查报告所依据的原始资料，应进行整理、检查、分析，确认无误后方可使用。

9.2 采空塌陷勘查报告应资料完整、真实准确、数据无误、图表清晰、结论有据、建议合理。

9.3 可行性研究阶段采空塌陷勘查成果可单独提交或汇总在工程可行性研究报告中。

9.4 可行性研究勘查阶段报告编制应包括下列内容：
   a) 文字报告提纲：

第一章　项目由来
第二章　勘查工作概述
第三章　地质及采矿条件
第四章　采空塌陷工程地质条件
第五章　稳定性及危害性评价
第六章　防治措施建议
第七章　勘查结论及下一步工作建议

b) 附件：
1) 工程地质平面图：应标明地形地物、建设工程、采空塌陷分布位置及井上下对照图等要素，比例尺为1：10 000～1：5 000；
2) 工程地质断面图：应标明地形地物、矿层或采空塌陷、建设工程等要素，比例尺为1：10 000～1：5 000；
3) 综合地质柱状图：应包括所有可能开采的矿层深度，比例尺为1：5 000～1：2 000；
4) 必要的影像资料及其他。

9.5 设计勘查阶段报告编制应包括下列内容：
a) 文字说明提纲：

第一章　项目由来
第二章　勘查工作概述
第三章　地质及采矿条件
第四章　采空塌陷工程地质条件
　　　　包括采空塌陷覆岩结构、采矿方式、"三带"发育特征、岩（土）体物理力学参数，估算剩余空洞体积等。
第五章　稳定性及危害性评价
　　　　包括分析地表变形规律、计算地表剩余变形量及工程荷载作用下矿（岩）柱稳定系数，分区评价场地稳定性及危害性，定量评价建（构）筑物地基的稳定性等。
第六章　防治措施建议
　　　　提出场地布局优化建议、采空塌陷治理工程方案建议及施工阶段注意事项等。
第七章　保安矿柱设计
第八章　勘查结论及下一步工作建议

b) 附件：
1) 工程地质平面图：在地形图[含建（构）筑物基础平面布置]上填绘矿山法定开采边界，采空塌陷的分布范围及开采时间，采空塌陷底板等高线，矿山开采规划，地面塌陷、裂缝位置，比例尺为1：2 000～1：1 000；
2) 地表剩余变形量等值线图：适宜于充分采动的长壁式采空塌陷，在地形图[含建（构）筑物布置]上填绘剩余沉降等值线、剩余水平位移等值线、剩余倾斜等值线、剩余曲率等值线、剩余水平变形等值线，比例尺为1：2 000～1：1 000；
3) 工程地质断面图：在地形断面[含建（构）筑物基础平面布置]上绘出采空塌陷的形态及"三带"发育范围，标明底板高程、地下水位线，比例尺为1：1 000～1：500；
4) 地球物理勘探、测试等专项成果报告；
5) 必要的影像资料及其他。

9.6 地球物理勘探成果报告编制应包括下列内容：
   a) 文字部分：项目概况、任务来源和要求、地形、地质、矿层及采空塌陷分布、工作方法的选择与确定、工作参数、仪器设备、完成的工程量、采空塌陷的地球物理特征、资料的解释推断、成果资料的验证情况或要求、结论和建议。
   b) 附图：工程布置图、成果平面图、剖面图、测试成果曲线图、解释成果图等。比例尺应符合工程和地球物理勘探方法的要求，图例应符合相关规定。
   c) 附表：工作量表、物性参数表、成果解释表、精度表等。
   d) 附件：基准点及观测点平面位置图，反映采矿、地质条件等与变形过程间关系的各种图表等。

9.7 采空塌陷勘查报告应提出采空塌陷防治措施建议，对工程施工和使用期间可能发生的采空塌陷问题提出监测和预防措施的建议。

9.8 勘查报告的文字、术语、代号、符号、数字、计量单位、标点，均应符合国家有关标准的规定。

附 录 A
（资料性附录）
采空塌陷调查和资料搜集

表 A.1 采空塌陷调查表

名称							地理位置	省　　县(市)　　乡　　村　　社			
编号		野外：					坐标	经度：	X：		标高
		室内：						纬度：	Y：		

发育特征	陷坑单体	陷号	形状	坑口规模/m²	深度/m	变形面积/m²	规模等级	长轴方向	充水水位深/m	水位变动/m	发生时间	发展变化
		1	□圆形 □方形 □短形 □不规则形				□巨型 □大型 □中型 □小型					□停止 □尚在发展
	陷坑群体	\multicolumn{12}{c}{分布、发育及发生发展情况}
		坑数	分布面积/km²	排列形式		长列方向	坑口口径/m			坑的深度/m		
							最小	最大		最小		最大
				□群集式 □长列式								
			始发时间	盛发开始时间		盛发截止时间	停止时间			尚在发展情况		
										□趋增强　□趋减弱		
	伴生裂缝	单缝特征	缝号	形态	延伸方向	倾向/(°)	倾角/(°)	长度/m	宽度/m	深度/m		性质
			1	□直线 □折线 □弧线								□拉张 □平移 □下错
			2									
		群缝特征	\multicolumn{11}{c}{分布、发育及发生发展情况}
			缝数	分布面积/km²	间距/m	排列形式	产状	阶步指向		缝的规模		
										长/m	宽/m	深/m
						□平行 □斜列 □环围 □杂乱无章			最小			
									最大			

塌陷区地貌特征	□平原　□山间凹地　□河边阶地　□山坡　□山顶		
成因类型	□壁式开采	□柱式开采	□小窑开采
形成条件	地质环境条件	地层时代及岩性： 开采层位： 岩层厚度/土层厚度： 采高： 开采时间： 工作面长度： 工作面宽度： 推进速度： 顶板管理方式：	地层时代及岩性： 开采层位： 岩层厚度/土层厚度： 采高： 开采时间： 矿房(柱)尺寸： 推进速度： 顶板管理方式：	地层时代及岩性 开采层位： 岩层厚度/土层厚度： 采高： 开采时间：
	诱发动力因素	□地震　□煤柱失稳　□地面加载　□重复采动　□其他水位骤变		

表 A.1 采空塌陷调查表（续）

	已有灾害损失		潜在灾害预测	
灾害情况	毁田/亩：　　　毁房/间： 阻断交通：□铁路/m：　□公路/m： □通讯/小时：		陷坑发展预测	潜在损害预测
	地面水源枯竭 □河水流量减少/(m³/s)： □断流/(m³/s)： □井泉水流量减少/(m³/s)： □水位降低/m： □干枯		新增陷坑/个： 扩大陷区/km²：	毁田/亩： 毁房/间：
	地下井巷突水 □水量增大/(m³/s)：　□成灾损失/万元： □淹井损失/万元：		出现新陷区/处：	断路/h：
	淹埋地面物资：		面积/km²：	其他：
	死亡人口/人	直接损失/万元	威胁人口/人	威胁财产/万元
	灾情等级：□特大型　□大型　□中型　□小型		险情等级：□特大型　□大型　□中型　□小型	
矿山基本情况	矿山名称：		矿区面积：	
	开采方式：		开拓方式：	
	开矿日期：		闭矿日期：	
	开采层位：			
防治情况	已采取的防治措施及效果		今后防治建议	
塌陷示意图				
	单位名称：　　　　　　调查人员：　　　　　　调查时间：			

表 A.2 采空塌陷资料搜集表

项目名称		矿山名称		
地质及采矿资料搜集情况	区域地质资料（钻孔综合柱状图）		□已搜集	□未搜集
	矿山地质勘探报告		□已搜集	□未搜集
	矿山开采方案或初步设计		□已搜集	□未搜集
	矿山开采规划、工作面接替顺序		□已搜集	□未搜集
	井上下对照图、采掘工程平面图		□已搜集	□未搜集
	岩移观测或采动损害资料		□已搜集	□未搜集
	采空塌陷附近抽排水对采空塌陷移动变形的影响资料		□已搜集	□未搜集
	压覆矿产资源核实报告		□已搜集	□未搜集
	地质灾害危险性评估报告		□已搜集	□未搜集
	矿山地质环境恢复治理与保护方案		□已搜集	□未搜集
单位名称：		调查人员：		调查时间：

附 录 B
（资料性附录）
工程地球物理勘探方法及应用范围

表 B.1 工程地球物理勘探方法及应用范围表

方法名称			成果形式	适用条件	有效深度/m	干扰
地面地球物理勘探	电法勘探	高密度电阻率法	平、剖面	任何地层及产状，其上方没有极高阻或极低阻的屏蔽层；地形平缓，覆盖层薄	≤200	高压电线、地下管线、游散电流、电磁干扰
		电剖面法	平、剖面	被测岩层有足够厚度，岩层倾角小于20°；相邻层电性差异显著，水平方向电性稳定；地形平缓	≤500	
		充电法	平面	充电体相对围岩应是良导体，要有一定规模，且埋深不大	≤200	
	电磁法	瞬变电磁法	平、剖面	被测目标相对规模较大，且相对围岩呈低阻；其上方没有极低阻屏蔽层	50～600	
		可控源音频大地电磁法	—	被测目标有足够厚度及显著的电性差异，电磁噪音比较平静；地形开阔、起伏平缓	500～1 000	
		探地雷达	剖面	被测目标与周围介质有一定电性差异，且埋深不大或基岩裸露区	地面一般≤30等效钻孔深度	极低阻屏蔽层、地下水、较浅的电磁场源
	地震法	折射波法	平、剖面	折射波法适用于被测目标的波速大于上覆地层波速	深部采空塌陷探测	黄土覆盖层较厚、古河道砾石、浅水面埋深大的区域
		反射波法	平、剖面	反射波法要求地层具有一定波阻抗差异，采空塌陷面积较大	100～1 000	
		瑞雷波法	平、剖面	覆盖层较薄，采空区埋深浅，地表平坦、无积水	≤40	
		地震映像	剖面	覆盖层较薄，采空区埋深浅	≤150	
	重力法	微重力勘探	平面	地形平坦，无植被，透视条件好	≤100	地形、地物
	放射法	放射性勘探	平、剖面	探测对象要具有放射性		—
井内（间）地球物理勘探		井地CT层析成像（弹性波、电阻率、电磁波、声波）	平、剖面	井况良好、井径合理，激发与接受配合良好	2/3等效钻孔深度	游散电流、电磁干扰
		测井（电、声波、反射性）	剖面	在无套管、有井液的孔段进行	等效钻孔深度	
		井间CT层析成像（弹性波、电阻率、电磁波、声波）	剖面	井况良好、井径合理，激发与接受配合良好		
		孔内电视摄像	视频图像	在无套管的干孔和清水钻孔中进行		井液污浊干扰
		孔内光学成像	柱状			
		孔内超声波成像	柱状	在无套管、有井液的孔段进行		

注：工程地球物理勘探的质量控制应符合《城市工程地球物理探测规范》（CJJ7）或其他适宜的有关地球物理勘探规范的规定。有效性和有效深度宜经现场试验确定。

附 录 C
（规范性附录）
钻探施工要点及技术要求

表 C.1 钻探施工要点及技术要求表

钻机	钻具	冲洗液	现场技术要求	钻孔编录
根据采空塌陷的地形地貌、埋深和地质构造，选用适宜的工程地质钻探设备	1. 完整地层可采用单管钻具钻进； 2. 软硬互层、破碎松散地层可采用双层岩芯管钻头钻进或绳索取芯钻进； 3. 坚硬岩层可采用双管钻具、喷射式孔底反循环钻进	1. 致密稳定地层中可采用清水钻进； 2. 钻进松散、掉块、裂隙地层或胶结较差的地层时，可选用植物胶泥浆、聚丙烯酰胺泥浆等作冲洗液	1. 地下水位，标志地层界面及采空塌陷顶、底板测量误差应控制在±0.05 m以内； 2. 取芯钻进回次进尺应限制在1.0 m以内； 3. 钻孔原则均应全取芯，坚硬完整岩层取芯率不应低于80%，强风化、破碎的岩石不宜低于65%； 4. 认真观测地下动水位并进行简易水文地质观测； 5. 孔斜每百米应小于1°	1. 现场记录应及时、准确，按回次进行，不得事后追记； 2. 描述内容应规范、完整、清晰； 3. 钻探记录和岩芯编录应有记录员、机长及工程负责人验收签字； 4. 绘制钻孔柱状图

附 录 D
（规范性附录）
采空塌陷钻探现场描述要点及"三带"判定依据

表 D.1 采空塌陷钻探现场描述要点及"三带"判定依据表

垮落带判定依据	断裂带判定依据	弯曲带判定依据
采空垮落带可参考下列规定判定： 1. 突然掉钻； 2. 卡钻、埋钻； 3. 孔口水位突然消失； 4. 孔口吸风； 5. 进尺显著加快； 6. 岩芯破碎，混杂有岩粉、淤泥、坑木、煤屑等； 7. 瓦斯、矿层自燃等有害气体上涌	断裂带可参考下列规定判定： 1. 突然严重漏水或漏水量显著增加； 2. 钻孔水位明显下降； 3. 岩芯有纵向裂纹或倾角裂隙； 4. 钻孔有轻微吸风现象； 5. 瓦斯、矿层自燃等有害气体上涌； 6. 岩芯采取率小于75%	弯曲带可参考下列规定判定： 1. 全孔返水； 2. 无耗水量或耗水量小； 3. 取芯率大于75%； 4. 进尺平稳； 5. 开采矿矿层岩芯完整，无漏水现象

附 录 E
（资料性附录）
煤矿采空区垮落带、断裂带计算方法

E.1 缓倾斜(0°～35°)及中倾斜(36°～54°)煤层

E.1.1 当煤层顶板覆岩内存在极坚硬岩层，矿层回采后能形成悬顶，而开采空间及跨落岩层本身的空间只能由碎胀的岩石填满时，垮落带的最大高度可按式(E.1)计算：

$$H_m = \frac{M}{(K-1)\cos\alpha} \quad\quad\quad (E.1)$$

式中：
M——煤层开采厚度，单位为米(m)；
K——垮落岩石的碎胀系数；
α——煤层的倾角，单位为度(°)。

E.1.2 当煤层顶板为坚硬、中硬、软弱和极软弱岩层或其互层时，开采空间和垮落岩层本身的空间可由顶板的下沉和垮落岩石的碎胀来填满，开采单一煤层时垮落带的最大高度可按式(E.2)计算：

$$H_m = \frac{M-W}{(K-1)\cos\alpha} \quad\quad\quad (E.2)$$

式中：
W——垮落过程中顶板的下沉值，单位为毫米(mm)。

E.1.3 当煤层顶板为坚硬、中硬、软弱、极软弱岩层或其互层时，厚层煤分层开采的垮落带最大高度可按表E.1中的公式计算。

表E.1 厚煤层分层开采的垮落带最大高度计算公式

覆岩岩性（单向抗拉强度及主要岩石名称）	计算公式/m
坚硬(40～80 MPa，石英砂岩、石灰岩、砂质页岩、砾岩)	$H_m = \dfrac{100\sum M}{2.1\sum M + 16} \pm 2.5$
中硬(20～40 MPa，砂岩、泥质灰岩、砂质页岩、页岩)	$H_m = \dfrac{100\sum M}{4.7\sum M + 19} \pm 2.2$
软弱(10～20 MPa，泥岩、泥质砂岩)	$H_m = \dfrac{100\sum M}{6.2\sum M + 32} \pm 1.5$
极软弱(<10 MPa，铝土岩、风化泥岩、黏土、砂质黏土)	$H_m = \dfrac{100\sum M}{7.0\sum M + 63} \pm 1.2$
注：M为累计开采厚度；公式应用范围：单层开采厚度不超过1.0～3.0 m，累计采厚不超过15 m；计算公式中"±"号项为中误差。	

E.1.4 当煤层顶板为坚硬、中硬、软弱、极软弱岩层或其互层时,厚煤层分层开采的导水裂隙带最大高度(H_{li})可按表 E.2 中的公式计算。

E.2 急倾斜(55°～90°)煤层

当矿层顶板为坚硬、中硬、软弱、极软弱岩层或其互层时,急倾斜矿层开采形成的垮落带和导水裂隙带最大高度(H_m、H_{li})可按表 E.2、E.3 中的公式计算。

表 E.2 厚煤层分层开采的导水裂隙带最大高度计算公式

岩性	计算公式之一/m	计算公式之二/m
坚硬	$H_{li} = \dfrac{100\sum M}{1.2\sum M + 2.0} \pm 8.9$	$H_{li} = 30\sqrt{\sum M} + 10$
中硬	$H_{li} = \dfrac{100\sum M}{1.6\sum M + 3.6} \pm 5.6$	$H_{li} = 20\sqrt{\sum M} + 10$
软弱	$H_{li} = \dfrac{100\sum M}{3.1\sum M - 5.0} \pm 4.0$	$H_{li} = 10\sqrt{\sum M} + 10$
极软弱	$H_{li} = \dfrac{100\sum M}{5.0\sum M + 8.0} \pm 3.0$	

表 E.3 急倾斜煤层开采垮落带和导水裂隙带最大高度计算公式

覆岩岩性	垮落带高度/m	导水裂隙带高度/m
坚硬	$H_m = 0.4 \sim 0.5 H_{li}$	$H_{li} = \dfrac{100Mh}{4.1h + 133} \pm 8.4$
中硬、软弱	$H_m = 0.4 \sim 0.5 H_{li}$	$H_{li} = \dfrac{100Mh}{7.5h + 293} \pm 7.3$

注1:式中 h 为开采阶段垂高。
注2:其他矿层可参考煤层垮落带、断裂带计算方法。

附 录 F
（资料性附录）
煤矿采空区移动变形的计算方法与计算公式

F.1 开采水平及缓倾斜煤层（$\alpha<15°$）时，采用概率积分法进行采空塌陷地表移动变形值预计可按式（F.1—F.9）计算。

F.1.1 下沉：

$$W(x,y) = W_{cm} \iint_D \frac{1}{r^2} \cdot e^{-\pi \frac{(\eta-x)^2+(\xi-y)^2}{r^2}} \cdot d\eta \cdot d\xi \quad \cdots\cdots\cdots\cdots\cdots\cdots (F.1)$$

F.1.2 倾斜：

$$i_x(x,y) = W_{cm} \iint_D \frac{2\pi(\eta-x)}{r^4} \cdot e^{-\pi \frac{(\eta-x)^2+(\xi-y)^2}{r^2}} \cdot d\eta \cdot d\xi \quad \cdots\cdots\cdots\cdots (F.2)$$

$$i_y(x,y) = W_{cm} \iint_D \frac{2\pi(\xi-y)}{r^4} \cdot e^{-\pi \frac{(\eta-x)^2+(\xi-y)^2}{r^2}} \cdot d\eta \cdot d\xi \quad \cdots\cdots\cdots\cdots (F.3)$$

F.1.3 曲率：

$$K_x(x,y) = W_{cm} \iint_D \frac{2\pi}{r^4} \left[\frac{2\pi(\eta-x)^2}{r^2}-1\right] \cdot e^{-\pi \frac{(\eta-x)^2+(\xi-y)^2}{r^2}} \cdot d\eta \cdot d\xi \quad \cdots\cdots (F.4)$$

$$K_y(x,y) = W_{cm} \iint_D \frac{2\pi}{r^4} \left[\frac{2\pi(\xi-y)^2}{r^2}-1\right] \cdot e^{-\pi \frac{(\eta-x)^2+(\xi-y)^2}{r^2}} \cdot d\eta \cdot d\xi \quad \cdots\cdots (F.5)$$

F.1.4 水平移动：

$$U_x(x,y) = U_{cm} \iint_D \frac{2\pi(\eta-x)}{r^3} \cdot e^{-\pi \frac{(\eta-x)^2+(\xi-y)^2}{r^2}} \cdot d\eta \cdot d\xi \quad \cdots\cdots\cdots\cdots (F.6)$$

$$U_y(x,y) = U_{cm} \iint_D \frac{2\pi(\xi-y)}{r^3} \cdot e^{-\pi \frac{(\eta-x)^2+(\xi-y)^2}{r^2}} \cdot d\eta \cdot d\xi + W(x,y) \cdot \cot\theta_0$$

$$\cdots\cdots\cdots\cdots\cdots\cdots\cdots\cdots\cdots\cdots\cdots\cdots\cdots\cdots\cdots\cdots\cdots\cdots\cdots\cdots\cdots\cdots\cdots\cdots\cdots\cdots\cdots\cdots\cdots\cdots\cdots (F.7)$$

F.1.5 水平变形：

$$\varepsilon_x(x,y) = U_{cm} \iint_D \frac{2\pi}{r^3} \left[\frac{2\pi(\eta-x)^2}{r^2}-1\right] \cdot e^{-\pi \frac{(\eta-x)^2+(\xi-y)^2}{r^2}} \cdot d\eta \cdot d\xi \quad \cdots\cdots (F.8)$$

$$\varepsilon_y(x,y) = U_{cm} \iint_D \frac{2\pi}{r^3} \left[\frac{2\pi(\xi-y)^2}{r^2}-1\right] \cdot e^{-\pi \frac{(\eta-x)^2+(\xi-y)^2}{r^2}} \cdot d\eta \cdot d\xi + i_y(x,y) \cdot \cot\theta_0 \quad \cdots\cdots$$

$$\cdots\cdots\cdots\cdots\cdots\cdots\cdots\cdots\cdots\cdots\cdots\cdots\cdots\cdots\cdots\cdots\cdots\cdots\cdots\cdots\cdots\cdots\cdots\cdots\cdots\cdots\cdots\cdots\cdots\cdots\cdots (F.9)$$

式中：

x、y——计算点相对坐标（考虑拐点偏移距），单位为米（m）；

D——开采煤层区域；

θ_0——开采影响传播角，单位为度（°）。

F.2 开采倾斜煤层（$15°<\alpha<75°$）时，采用概率积分法进行采空塌陷地表移动变形值预计可按式（F.10—F.18）计算。

F.2.1 下沉：

$$W(x,y) = W_{cm} \sum_{i=1}^{n} \int_{L_i} \frac{1}{2r} \text{erf}\left[\frac{\sqrt{\pi}(\eta-x)}{r}\right] \cdot e^{-\pi \frac{(\xi-y)^2}{r^2}} \cdot d\xi \quad \cdots\cdots\cdots (F.10)$$

F.2.2 倾斜：

$$i_x(x,y) = W_{cm} \sum_{i=1}^{n} \int_{L_i} \frac{1}{r^2} \cdot e^{-\pi \frac{(\eta-x)^2+(\xi-y)^2}{r^2}} \cdot d\xi \quad\quad (F.11)$$

$$i_y(x,y) = W_{cm} \sum_{i=1}^{n} \int_{L_i} \frac{-\pi(\xi-y)}{r^2} \cdot \mathrm{erf}\left[\frac{\sqrt{\pi}(\eta-x)}{r}\right] \cdot e^{-\pi \frac{(\xi-y)^2}{r^2}} \cdot d\xi \quad (F.12)$$

F.2.3 曲率：

$$K_x(x,y) = W_{cm} \sum_{i=1}^{n} \int_{L_i} \frac{-2\pi}{r^2} \cdot \frac{\eta-x}{r} \cdot e^{-\pi \frac{(\eta-x)^2+(\xi-y)^2}{r^2}} \cdot d\xi \quad\quad (F.13)$$

$$K_y(x,y) = W_{cm} \sum_{i=1}^{n} \int_{L_i} \frac{\pi}{r^3}\left[\frac{2\pi(\xi-y)^2}{r^2}-1\right] \cdot \mathrm{erf}\left(\sqrt{\pi}\frac{\eta-x}{r}\right) \cdot e^{-\pi \frac{(\xi-y)^2}{r^2}} \cdot d\xi$$

$$\quad\quad (F.14)$$

F.2.4 水平移动：

$$U_x(x,y) = U_{cm} \sum_{i=1}^{n} \int_{L_i} \frac{1}{r^2} e^{-\pi \frac{(\eta-x)^2+(\xi-y)^2}{r^2}} \cdot d\xi \quad\quad (F.15)$$

$$U_y(x,y) = U_{cm} \sum_{i=1}^{n} \int_{L_i} \frac{-\pi(\xi-y)}{r^2} \cdot \mathrm{erf}\left[\frac{\sqrt{\pi}(\eta-x)}{r}\right] \cdot e^{-\pi \frac{(\xi-y)^2}{r^2}} \cdot d\xi + W(x,y) \cdot \cot\theta_0$$

$$\quad\quad (F.16)$$

F.2.5 水平变形：

$$\varepsilon_x(x,y) = U_{cm} \sum_{i=1}^{n} \int_{L_i} \frac{-2\pi}{r^2} \cdot \frac{\eta-x}{r} \cdot e^{-\pi \frac{(\eta-x)^2+(\xi-y)^2}{r^2}} \cdot d\xi \quad\quad (F.17)$$

$$\varepsilon_y(x,y) = U_{cm} \sum_{i=1}^{n} \int_{L_i} -\frac{\pi}{r^2} \cdot \frac{\xi-y}{r} \cdot \mathrm{erf}\left(\sqrt{\pi}\frac{\eta-x}{r}\right) \cdot e^{-\pi \frac{(\xi-y)^2}{r^2}} \cdot d\xi + i_y(x,y) \cdot \cot\theta_0$$

$$\quad\quad (F.18)$$

式中：

r——等价计算工作面的主要影响半径，单位为米（m）；

L_i——等价计算工作面各边界的直线段。

F.3 开采急倾斜煤层（$\alpha > 75°$）时，采用概率积分法进行采空塌陷地表移动变形值预计可按式（F.19-F.27）计算。

F.3.1 下沉：

$$W(x,y) = q \cdot \iiint_G \frac{1}{r(z)^2} \cdot e^{-\pi \frac{(\eta-x)^2+(\xi-y)^2}{r(z)^2}} \cdot d\eta \cdot d\xi \cdot dz \quad\quad (F.19)$$

F.3.2 倾斜：

$$i_x(x,y) = q \cdot \iiint_G \frac{2\pi(\eta-x)}{r(z)^4} \cdot e^{-\pi \frac{(\eta-x)^2+(\xi-y)^2}{r(z)^2}} \cdot d\eta \cdot d\xi \cdot dz \quad\quad (F.20)$$

$$i_y(x,y) = q \cdot \iiint_G \frac{2\pi(\eta-y)}{r(z)^4} \cdot e^{-\pi \frac{(\eta-x)^2+(\xi-y)^2}{r(z)^2}} \cdot d\eta \cdot d\xi \cdot dz \quad\quad (F.21)$$

F.3.3 曲率：

$$K_x(x,y) = q \cdot \iiint_G \frac{2\pi}{r(z)^4}\left[\frac{2\pi(\eta-x)^2}{r(z)^2}-1\right] \cdot e^{-\pi \frac{(\eta-x)^2+(\xi-y)^2}{r(z)^2}} \cdot d\eta \cdot d\xi \cdot dz$$

$$\quad\quad (F.22)$$

$$K_y(x,y) = q \cdot \iiint_G \frac{2\pi}{r(z)^4}\left[\frac{2\pi(\eta-y)^2}{r(z)^2}-1\right] \cdot e^{-\pi\frac{(\eta-x)^2+(\xi-y)^2}{r(z)^2}} \cdot d\eta \cdot d\xi \cdot dz \quad \text{(F.23)}$$

F.3.4 水平移动：

$$U_x(x,y) = b \cdot q \cdot \iiint_G \frac{2\pi(\eta-x)}{r(z)^3} \cdot e^{-\pi\frac{(\eta-x)^2+(\xi-y)^2}{r(z)^2}} \cdot d\eta \cdot d\xi \cdot dz \quad \text{(F.24)}$$

$$U_y(x,y) = b \cdot q \cdot \iiint_G \frac{2\pi(\eta-y)}{r(z)^3} \cdot e^{-\pi\frac{(\eta-x)^2+(\xi-y)^2}{r(z)^2}} \cdot d\eta \cdot d\xi \cdot dz + W_y(x,y) \cdot \cot\theta_0 \quad \text{(F.25)}$$

F.3.5 水平变形：

$$\varepsilon_x(x,y) = b \cdot q \cdot \iiint_G \frac{2\pi}{r(z)^3}\left[\frac{2\pi(\eta-x)^2}{r(z)^2}-1\right] \cdot e^{-\pi\frac{(\eta-x)^2+(\xi-y)^2}{r(z)^2}} \cdot d\eta \cdot d\xi \cdot dz \quad \text{(F.26)}$$

$$\varepsilon_y(x,y) = b \cdot q \cdot \iiint_G \frac{2\pi}{r(z)^3}\left[\frac{2\pi(\eta-y)^2}{r(z)^2}-1\right] \cdot e^{-\pi\frac{(\eta-x)^2+(\xi-y)^2}{r(z)^2}} \cdot d\eta \cdot d\xi \cdot dz + i_y(x,y) \cdot \cot\theta_0 \quad \text{(F.27)}$$

式中：

$r(z)$——深度为 z 处的主要影响半径，单位为米（m）；

G——开采空间；

q——下沉系数，对于急倾斜煤层为下沉盆地体积与开采煤层体积的比值。

F.4 采空塌陷地表移动变形最大值预计可按式（F.28—F.36）计算。

F.4.1 地表最大下沉值计算：

充分采动： $\quad W_{cm} = M \cdot q \cdot \cos\alpha \quad$ (F.28)

非充分采动： $\quad W_{fm} = M \cdot q \cdot n \cdot \cos\alpha \quad$ (F.29)

式中：

W_{cm}——充分采动条件下的地表最大下沉值，单位为毫米（mm）；

W_{fm}——非充分采动条件下的地表最大下沉值，单位为毫米（mm）；

q——充分采动条件下的下沉系数；

M——煤层法向开采厚度，单位为毫米（mm）；

α——煤层倾角，单位为度（°）；

n——地表充分采动系数。$n = \sqrt{n_1 \cdot n_3}$，$n_1 = k_1 \frac{D_1}{H_0}$，$n_3 = k_3 \frac{D_3}{H_0}$，$n_1$ 和 n_3 大于 1 时取 1。其中，k_1、k_3 为与覆岩岩性有关的系数，坚硬岩层：k_1、k_3 为 0.7；中硬岩层：k_1、k_3 为 0.8；软弱岩层：k_1、k_3 为 0.9；D_1、D_3 为倾向及走向工作面长度（m）；H_0 为工作面平均开采深度（m）。

F.4.2 地表最大水平移动值计算：

a) 沿煤层走向方向上的最大水平移动值：

$$U_{cm} = b \cdot W_{cm} \quad \text{(F.30)}$$

式中：

U_{cm}——充分开采的最大水平移动值，单位为毫米（mm）；

b——水平移动系数，可由实测资料分析确定，一般取 0.2～0.4。

b) 沿煤层倾斜方向的最大水平移动值：

$$U_{cm} = b(\alpha) \cdot W_{cm} \quad \cdots\cdots\cdots\cdots\cdots\cdots\cdots\cdots\cdots\cdots \text{(F.31)}$$

$$\text{或} \quad U_{cm} = (b - 0.7P) \cdot W_{cm} \quad \cdots\cdots\cdots\cdots\cdots\cdots\cdots\cdots\cdots\cdots \text{(F.32)}$$

$$P = \tan\alpha - h/(H_0 - h) \quad \cdots\cdots\cdots\cdots\cdots\cdots\cdots\cdots\cdots\cdots \text{(F.33)}$$

注：当计算 $P<0$ 时，取 $P=0$。

式中：

h——表土层厚度，单位为米（m）；

$b(\alpha)$——水平移动系数，随倾角 α 而变化。

F.4.3 最大倾斜变形值计算：

$$i_{cm} = \frac{W_{cm}}{r} \quad \cdots\cdots\cdots\cdots\cdots\cdots\cdots\cdots\cdots\cdots \text{(F.34)}$$

式中：

i_{cm}——充分开采的最大倾斜变形值（mm/m）；

W_{cm}——充分采动条件下的地表最大下沉值，单位为毫米（mm）；

r——开采影响主要半径，单位为米（m），$r = \dfrac{H}{\tan\beta}$。其中，H 为开采深度（m），$\tan\beta$ 为主要影响角正切，一般为 1.5～2.5。

F.4.4 最大曲率变形值计算：

$$k_{cm} = 1.52 \cdot \frac{W_{cm}}{r^2} \quad \cdots\cdots\cdots\cdots\cdots\cdots\cdots\cdots\cdots\cdots \text{(F.35)}$$

式中：

k_{cm}——充分开采的最大曲率变形值（10^{-3}/m）；

其他符号意义同前。

F.4.5 最大水平变形值计算：

$$\varepsilon_{cm} = 1.52 \cdot b \cdot \frac{W_{cm}}{r^2} \quad \cdots\cdots\cdots\cdots\cdots\cdots\cdots\cdots\cdots\cdots \text{(F.36)}$$

式中：

ε_{cm}——充分开采的最大水平变形值（mm/m）；

其他符号意义同前。

F.5 地表移动延续时间 T 值的确定。

F.5.1 根据最大下沉点的下沉值与时间关系曲线及下沉速度曲线确定地表移动延续时间 T，见图 F.1。

a) 下沉 10 mm 时为移动期开始的时间。

b) 连续 6 个月下沉值不超过 30 mm 时，可认为地表移动期结束。

c) 从地表移动期开始到结束的整个时间为地表移动的延续时间。

d) 在地表移动过程的延续时间内，地表下沉速度大于每月 50 mm（1.7 mm/d）（矿层倾角小于 45°），或大于每月 30 mm（1.0 mm/d）（矿层倾角大于 45°）的时间称为活跃期；从地表移动期开始到活跃期开始的阶段称为初始期；从活跃期结束到移动期结束的阶段称为衰退期。地表移动的上述 3 个阶段的确定方法见图 F.1。

F.5.2 当无实测资料时，地表移动延续时间 T 可按式（F.37）、（F.38）确定：

$$T = 2.5 H_0 \quad (\text{当 } H_0 \leq 400 \text{ m 时}) \quad \cdots\cdots\cdots\cdots\cdots\cdots \text{(F.37)}$$

$$T = 1\,000\exp\left(1 - \frac{400}{H_0}\right) \quad (\text{当 } H_0 > 400 \text{ m 时}) \quad \cdots\cdots\cdots\cdots \text{(F.38)}$$

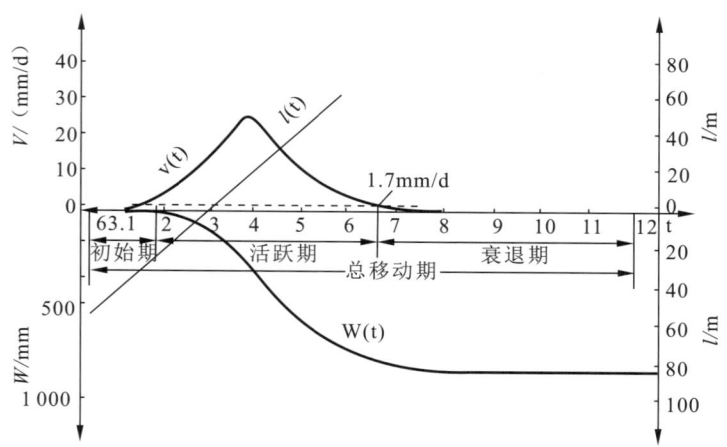

图 F.1 地表移动延续时间的确定方法

式中：

H_0——平均开采深度，单位为米（m）；

T——地表移动延续时间，单位为天（d）。

F.6 当无实测资料时，概率积分法地表移动变形计算参数可依据岩性、地质、采矿条件等近似确定。

F.6.1 依据覆岩岩性可按表 F.1 近似确定地表移动一般参数，按表 F.2 选取松散层移动角值。

表 F.1 按覆岩性质区分的概率积分参数的经验值（$\alpha<50°$）

| 覆岩类型 | 覆岩性质 | | 下沉系数 q | 水平移动系数 b | 移动角/(°) | | | 边界角/(°) | | | 主要影响角正切 $\tan\beta$ | 拐点偏移距 S_0/H | 开采影响传播角 $\theta/(°)$ |
	主要岩性	单轴抗压强度 /MPa			δ	γ	β	δ_0	γ_0	β_0			
坚硬岩	以中生代地层硬砂岩、硬灰岩为主，其他为砂质页岩、页岩、辉绿岩	>60	0.27~0.54	0.2~0.3	75~80	75~80	$\delta-(0.7\sim0.8)\alpha$	60~65	60~65	$\delta_0-(0.7\sim0.8)\alpha$	1.20~1.91	0.31~0.43	90°−(0.7~0.8)α
较硬岩	以中生代地层中硬砂岩、石灰岩、砂质页岩为主，其他为软砾岩、致密泥灰岩、铁矿石	30~60	0.55~0.84	0.2~0.3	70~75	70~75	$\delta-(0.6\sim0.7)\alpha$	55~60	55~60	$\delta_0-(0.6\sim0.7)\alpha$	1.92~2.40	0.08~0.03	90°−(0.6~0.7)α
较软岩~极软岩	以新生代地层砂质页岩、页岩、泥灰岩及黏土、砂质黏土等松散层	<30	0.85~1.00	0.2~0.3	60~70	60~70	$\delta-(0.3\sim0.5)\alpha$	50~55	50~55	$\delta_0-(0.3\sim0.5)\alpha$	2.41~3.54	0.00~0.07	90°−(0.5~0.6)α

表 F.2 松散层移动角值

松散层厚度 h/m	干燥、不含水	含水较强	含流砂层
<40	50	45	30
40～60	55	50	35
>60	60	55	40

F.6.2 依据覆岩综合评价系数 P 及地质、开采技术条件来确定地表移动计算参数。

a) 覆岩综合评价系数 P 按式 F.39 计算：

$$P = \frac{\sum_{1}^{n} m_i \cdot Q_i^j}{\sum_{1}^{n} m_i} \quad \text{……………………………………（F.39）}$$

式中：

m_i——覆岩分层法线厚度，单位为米（m）；

Q_i^j——覆岩第 i 分层第 j 次采动的岩性评价系数，由表 F.3 查得；当无实测强度值时，Q_i^0 值可由表 F.4 查得。

表 F.3 分层岩性评价系数表

岩性	单向抗压强度/MPa	岩性名称	初次采动 Q_i^0	重复采动 Q_i^1	重复采动 Q_i^2
坚硬岩	≥90	很硬的砂岩、石灰岩和黏土页岩、石英矿脉、很硬的铁矿石、致密花岗岩、角闪岩、辉绿岩	0.0	0.0	0.1
坚硬岩	80	硬的石灰岩、硬砂岩、硬大理石、不硬的花岗岩	0.0	0.1	0.4
坚硬岩	70	硬的石灰岩、硬砂岩、硬大理石、不硬的花岗岩	0.05	0.2	0.5
坚硬岩	60	硬的石灰岩、硬砂岩、硬大理石、不硬的花岗岩	0.1	0.3	0.6
中硬岩	50	较硬的石灰岩、砂岩和大理石	0.2	0.45	0.7
中硬岩	40	普通砂岩、铁矿石	0.4	0.7	0.95
中硬岩	30	砂质页岩、片状砂岩	0.6	0.8	1.0
中硬岩	20	硬黏土质页岩、不硬的砂岩和石灰岩、软砾岩	0.8	0.9	1.0
中硬岩	>10	硬黏土质页岩、不硬的砂岩和石灰岩、软砾岩	0.9	1.0	1.1
软质岩	≤10	各种页岩（不坚硬的）、致密泥灰岩 软页岩、很软的石灰岩、无烟煤、普通泥灰岩 破碎页岩、烟煤、硬表土一粒质土壤、致密黏土 软砂质土、黄土、腐植土、松散砂层	1.0	1.1	1.1

表 F.4 初次采动的岩层评价系数 Q_i^0

地层时代	震旦纪寒武纪奥陶纪	志留纪	泥盆纪	石炭纪	二叠纪	三叠纪	侏罗纪	白垩纪	新近纪＋古近纪	第四纪
砂岩	0.00	0.05～0.15 (0.10)	0.15～0.30 (0.22)	0.30～0.50 (0.40)	0.40～0.60 (0.50)	0.50～0.70 (0.60)	0.70～0.85 (0.78)	0.85～0.95 (0.90)	0.85～0.95 (0.90)	0.95～1.00 (0.98)
页岩、泥灰岩*	0.00	0.10～0.30 (0.20)	0.30～0.50 (0.40)	0.50～0.70 (0.60)	0.60～0.80 (0.70)	0.70～0.85 (0.78)	0.85～0.95 (0.90)	0.85～0.95 (0.90)		
砂质页岩	0.00	0.10～0.20 (0.15)	0.20～0.40 (0.30)	0.40～0.60 (0.50)	0.50～0.70 (0.60)	0.60～0.80 (0.70)	0.80～0.90 (0.85)	0.85～0.95 (0.90)		

注：* 指淮南矿区二道河地区的泥灰岩组。

b) 覆岩综合评价下沉系数计算方法：
$$q = 0.5 \cdot (0.9 + P) \quad \quad (F.40)$$

c) 覆岩综合评价主要影响角正切计算方法：
$$\tan\beta = (D - 0.0032H) \cdot (1 - 0.0038\alpha) \quad \quad (F.41)$$

式中：

D——岩性影响系数，其数值与综合评价系数 P 的关系见表 F.5。

表 F.5 岩性综合评价系数 P 与系数 D 的对应关系表

坚硬	P	0.00	0.03	0.07	0.11	0.15	0.19	0.23	0.27	0.3
	D	0.76	0.82	0.88	0.95	1.01	1.08	1.14	1.20	1.25
中硬	P	0.3	0.35	0.40	0.45	0.50	0.55	0.60	0.65	0.70
	D	1.26	1.35	1.45	1.54	1.64	1.73	1.82	1.91	2.00
软弱	P	0.70	0.75	0.80	0.85	0.90	0.95	1.00	1.05	1.10
	D	2.00	2.10	2.20	2.30	2.40	2.50	2.60	2.70	2.80

d) 水平移动系数计算方法：
$$b_c = b \cdot (1 + 0.0086\alpha) \quad \quad (F.42)$$

e) 开采影响传播角计算方法：
$$\theta_0 = 90° - 0.68\alpha \quad (\alpha \leqslant 45°) \quad \quad (F.43)$$
$$\theta_0 = 28.8° + 0.68\alpha \quad (\alpha \geqslant 45°) \quad \quad (F.44)$$

f) 拐点偏移距计算方法：

坚硬、中硬和软弱覆岩的拐点偏移距分别为 $(0.31～0.43)H$、$(0.08～0.30)H$ 和 $(0～0.07)H$。

F.7 煤层群开采（或厚煤层分层开采）时，若下层煤开采的影响超过上层煤开采时已经移动的覆岩，则地表受下沉煤开采的重复采动参数按以下方法计算。

F.7.1 下沉系数：

重复采动条件下的下沉系数可按式(F.45)或式(F.46)计算：
$$q_{复1} = (1 + \alpha) q_{初} \quad \quad (F.45)$$

$$q_{复2}=(1+\alpha)q_{复1} \quad\quad\quad\quad (F.46)$$

式中：

α——下沉活化系数，可按表 F.6 取值；

$q_{初}$——初采下沉系数；

$q_{复1}$——第一次复采下沉系数；

$q_{复2}$——第二次复采下沉系数。

表 F.6 按覆岩性质区分的重复采动下沉活化系数 α

岩性	一次重采	二次重采	三次重采	四次及四次以上重采
坚硬	0.15	0.20	0.10	0
中硬	0.20	0.10	0.05	0

$$q_{复}=1-\frac{(H_2^2-H_1^2)(1-q_{初})M_2}{H_1 H_2}-k\frac{(1-q_{初})M_1}{M_2} \quad\quad (F.47)$$

式中：

H_1、H_2——分别为第一层煤和第二层煤距基岩面的深度，单位为米（m）；

M_1、M_2——分别为第一层煤和第二层煤的采厚，单位为米（m）；

k——系数。对于中硬覆岩，可按式（F.48）计算；对于厚含水冲积层地区（淮北）可按式（F.49）计算。

$$k=0.245\,3\exp\left(0.005\,2\frac{H}{M}\right)\left(31<\frac{H_1}{M_1}\leqslant 250.4\right) \quad\quad (F.48)$$

$$k=-27.580\,7+0.629\,4\frac{H_1}{M_1} \quad\quad\quad\quad (F.49)$$

F.7.2 水平移动系数：

重复采动条件下，水平移动系数与初次采动相同，即 $b_{复}=b_{初}$。

F.7.3 主要影响范围角正切 $\tan\beta$：

重复采动时 $\tan\beta$ 较初次采动增加 $0.3\sim0.8$。对于中硬岩层可按式 F.50 计算：

$$\tan\beta_{复}=\tan\beta_{初}+0.062\,36\ln H-0.017 \quad\quad (F.50)$$

式中：

$\tan\beta_{复}$——重采时主要影响范围角正切；

$\tan\beta_{初}$——初采时主要影响范围角正切；

H——第二层煤的采深，单位为米（m）。

F.7.4 拐点偏移距：

重复采动时拐点偏移距与上、下工作面的相对位置有关。当上、下工作面对齐时，重复采动时的拐点偏移距小于初次采动时的拐点偏移距。

对于中硬覆岩，当上、下工作面对齐时，可采用式（F.51）计算重复采动时的拐点偏移距：

$$S_{复}=S_{初}\,f\left(\frac{H}{M}\right) \quad\quad\quad\quad (F.51)$$

上山

$$f\left(\frac{H}{M}\right)=0.423\,6+9.36\times10^{-4}\frac{H}{M} \quad\quad (F.52)$$

走向

$$f\left(\frac{H}{M}\right)=0.4644\ln\frac{H}{M}-0.81 \quad\cdots\cdots\cdots\cdots\cdots\cdots\cdots\cdots\text{(F.53)}$$

或采用式(F.54)直接计算重复采动时的拐点偏移距：

上山

$$S_2=1.13-0.1562\frac{H}{M}\left(30\leqslant\frac{H}{M}\leqslant160\right) \quad\cdots\cdots\cdots\cdots\cdots\text{(F.54)}$$

走向

$$S_{3,4}=95.38-27.676\ln\frac{H}{M}\left(30\leqslant\frac{H}{M}\leqslant160\right) \quad\cdots\cdots\cdots\cdots\text{(F.55)}$$

式中：

H、M——分别为第二层煤的采深和采厚，单位均为米(m)。

F.7.5 影响传播角、最大下沉角：

重复采动时的影响传播角较初次采动增加 $1°\sim5°$（$10°\leqslant\alpha\leqslant30°$）。

重复采动时最大下沉角较初次采动增大，对于坚硬覆岩，其增大值为 $(0.05\sim0.20)\alpha$；对于中硬覆岩，其增大值为 0.15α；对于软弱覆岩，其增大值为 0.1α。

F.7.6 边界角、移动角：

重复采动时，边界角减小 $2°\sim7°$，移动角减小 $5°\sim10°$。

F.7.7 充分采动角、超前影响角、最大下沉速度角：

重复采动时，充分采动角增大 $1°\sim5°$，超前影响角增大 $10°\sim15°$，最大下沉速度角增大 $5°\sim10°$。

F.8 地表剩余变形量可依据以下两种方法确定：

F.8.1 地表剩余变形量为预计地表移动变形量减去地表已发生的变形量，地表已发生的变形量可根据现场实际监测数据确定。

F.8.2 地表剩余变形量可根据剩余下沉系数 q' 进行计算，剩余下沉系数可根据现场测量、钻探成果及经验公式综合确定。经验公式见 F.56，η 取值可参考表 F.7。

$$q'=(1-\eta)\cdot q \quad\cdots\cdots\cdots\cdots\cdots\cdots\cdots\cdots\text{(F.56)}$$

表 F.7 不同时间的下沉系数 η 参考值

开采结束时间	1年	2年	5年	10年	20年	20年以上
下沉系数 η	0.75	0.825	0.9	0.938	0.975	0.99

附 录 G
（规范性附录）
矿（岩）柱安全稳定性系数计算

G.1 矿（岩）柱安全稳定性系数可按式（G.1）、（G.2）计算：

$$单向受力状态：K=\frac{\gamma H}{\sigma_m} \quad\quad\quad\quad (G.1)$$

$$三向受力状态：K=\frac{P_U}{P} \quad\quad\quad\quad (G.2)$$

式中：

γ——上覆岩层的平均重度，单位为牛每立方米（N/m³）；

H——开采深度，单位为米（m）；

σ_m——矿（岩）柱的极限抗压强度，单位为兆帕（MPa）；

P_U——矿（岩）柱能承受的极限荷载，单位为千牛或千牛每米（kN 或 kN/m）；

P——矿（岩）柱实际承受的荷载，单位为千牛或千牛每米（kN 或 kN/m）。

注：当地表存在工程荷载时，换算后参与计算。

G.2 矿（岩）柱能承受的极限荷载可按式（G.3）、（G.4）计算：

矩形矿（岩）柱：

$$P_U^J=40\gamma H[ad-4.92(a+d)mH\times 10^{-3}+32.28m^2H^2\times 10^{-6}] \quad\quad (G.3)$$

长条形矿（岩）柱：

$$P_U^L=40\gamma H(a-4.92mH\times 10^{-3}) \quad\quad\quad\quad (G.4)$$

式中：

a——矿（岩）柱宽度，单位为米（m）；

d——矿（岩）柱长度，单位为米（m）；

m——采厚，单位为米（m）。

G.3 矿（岩）柱实际承受的荷载可按式（G.5）、（G.6）计算：

矩形矿（岩）柱：

$$P_U^J=10\gamma d\left[aH+\frac{b}{2}\left(2H-\frac{b}{0.6}\right)\right] \quad\quad\quad\quad (G.5)$$

长条形矿（岩）柱：

$$P_U^L=10\gamma\left[aH+\frac{b}{2}\left(2H-\frac{b}{0.6}\right)\right] \quad\quad\quad\quad (G.6)$$

附 录 H
（规范性附录）
采空塌陷剩余空隙体积计算

H.1 采空塌陷剩余空隙体积 $Q(m^3)$ 可按式 H.1 计算：

$$Q = S \cdot m \cdot K \cdot \Delta V \quad\quad\quad\quad (H.1)$$

式中：

S——采空塌陷治理面积，单位为平方米（m^2）；

m——采空塌陷矿层厚度，单位为米（m）；

K——矿层采出率（回采率），一般通过对矿山实际情况的调查来确定；

ΔV——采空塌陷剩余空隙率，垮落岩块充填后剩余的空隙，其取值在 0.2～1 之间。

H.2 采空塌陷剩余空隙率可通过 3 种方式确定：

H.2.1 利用矿山已有的沉降及采空塌陷观测资料：即先计算采空塌陷上方地面的最大沉降量，通过已有的观测资料确定已完成的沉降量，然后用两者的差值与地面的最大沉降量之比来估算。

H.2.2 利用采空塌陷勘查孔内空洞和裂隙的资料：即通过孔内空洞和裂隙发育的平均高度与矿层开采厚度之比来估算。

H.2.3 利用地区已有的工程资料：一般情况下闭矿时间在 5 年之内，取值在 30%～100% 之间；闭矿时间在 5 年以上，取值在 20%～50% 之间。当采空塌陷的顶板和覆岩为较坚硬的岩石时，取值宜稍大。